U0032288

GALILEO EDITION
伽利略篇

以

科學之名
毀了
這本書吧！

DESTROY THIS BOOK in the name of SCIENCE!

麥可‧巴菲爾德 Mike Barfield 著

蕭秀姍 譯

商周教育館 22

以科學之名毀了這本書吧！：伽利略篇

作者—— 麥可‧巴菲爾德
譯者—— 蕭秀姍
企劃選書—— 羅珮芳
責任編輯—— 羅珮芳
版權—— 吳亭儀、江欣瑜
行銷業務—— 周佑潔、林詩富、賴玉嵐、賴正祐
總編輯—— 黃靖卉
總經理—— 彭之琬
第一事業群總經理—— 黃淑貞

發行人—— 何飛鵬
法律顧問—— 元禾法律事務所王子文律師
出版—— 商周出版
115 台北市南港區昆陽街 16 號 4 樓
電話：(02) 25007008‧傳真：(02)25007759
發行—— 英屬蓋曼群島商家庭傳媒股份有限公司城邦分公司
115 台北市南港區昆陽街 16 號 5 樓
書虫客服服務專線：02-25007718；25007719
服務時間：週一至週五上午 09:30-12:00；下午 13:30-17:00
24 小時傳真專線：02-25001990；25001991
劃撥帳號：19863813；戶名：書虫股份有限公司
讀者服務信箱：service@readingclub.com.tw
城邦讀書花園：www.cite.com.tw
香港發行所—— 城邦（香港）出版集團
香港九龍土瓜灣土瓜灣道 86 號順聯工業大廈 6 樓 A 室
電話：(852) 25086231‧傳真：(852) 25789337
E-mail: hkcite@biznetvigator.com

馬新發行所—— 城邦（馬新）出版集團【Cite (M) Sdn Bhd】
41, Jalan Radin Anum, Bandar Baru Sri Petaling,
57000 Kuala Lumpur, Malaysia.
電話：(603) 90563833‧傳真：(603) 90576622
Email: services@cite.my

封面設計—— 林曉涵
內頁排版—— 陳健美
印刷—— 中原造像股份有限公司
經銷—— 聯合發行股份有限公司
電話：(02)2917-8022‧傳真：(02)2911-0053
地址：新北市 231 新店區寶橋路 235 巷 6 弄 6 號 2 樓

初版—— 2019 年 4 月初版
　　　　2024 年 3 月 14 日初版 5.7 刷
定價—— 250 元
ISBN—— 978-986-477-621-4

國家圖書館出版品預行編目 (CIP) 資料

以科學之名毀了這本書吧！：伽利略篇 / 麥可‧巴菲爾德
(Mike Barfield) 著；蕭秀姍譯 .-- 初版 .-- 臺北市：商周出版：
家庭傳媒城邦分公司發行, 2019.03
面； 公分 .-- (商周教育館；22)
譯自：Destroy this book in the name of science! : Galileo edition
ISBN 978-986-477-621-4 (平裝)

1. 科學實驗 2. 通俗作品

303.4　　　　　　　　　　　　　　　　108001030

線上版回函卡

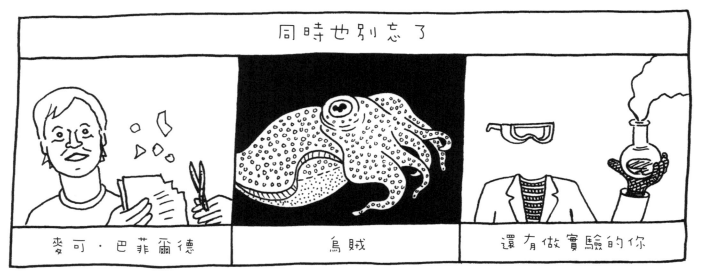

目　錄

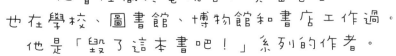

關於作者

麥可‧巴菲爾德身兼作家、漫畫家、詩人及演員身分。
他曾任職於電視台和廣播電台，
也在學校、圖書館、博物館和書店工作過。
他是「毀了這本書吧！」系列的作者。

前　言

你會在本書中發現許多手作遊戲，有些遊戲中的紙模型可以剪下並黏起來，

還可加以著色及畫圖。

你的任務就是把書毀了，完成裡頭所有的超級科學實驗，

並在過程中充分享受樂趣。這是知識的饗宴，可以吸收到寶貴的知識。

不需要任何昂貴或少見的美勞用品就能完成這些遊戲。

只要用各種筆就可以畫出具有個人特色的圖樣，並為它們塗上顏色。

書中大多數的紙模型需要用黏膠和膠帶黏起來。

所有需要的工具差不多都列在下面：

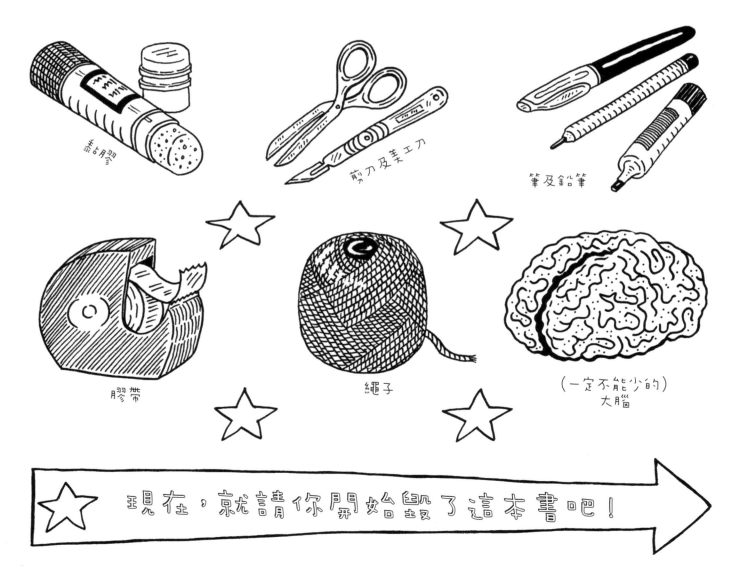

黏膠

剪刀及美工刀

筆及鉛筆

膠帶

繩子

（一定不能少的）
大腦

現在，就請你開始毀了這本書吧！

神奇軟骨動物

做出你自己的變色烏賊吧～

烏賊是海洋中的軟骨動物，牠跟魷魚是不同的生物喔，卻常被拿來當食物。烏賊的視力好到可以嚇嚇嚇叫4，還可以偽裝成這個驚人的本領來捕捉獵物變色！

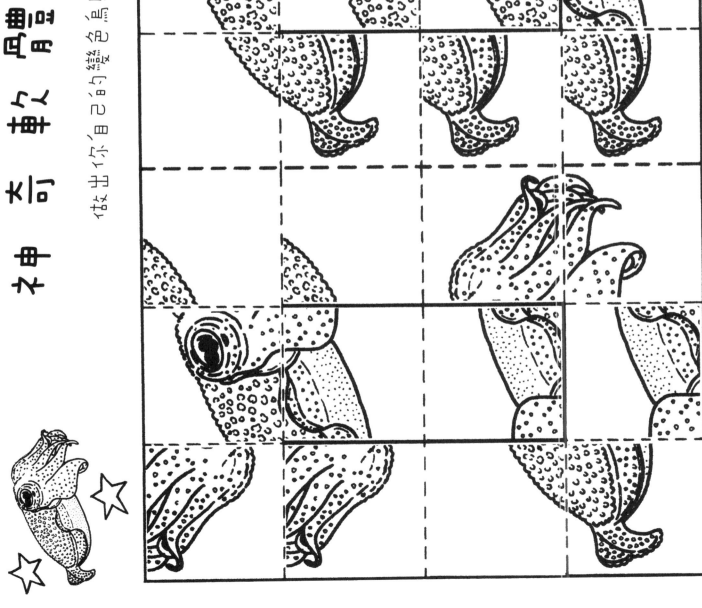

做出神奇烏賊紙模型的說明在下一頁。

在你把那片方格剪下並黏起來之前，

先來幾題跟軟體動物有關的

記憶挑戰吧。

烏賊擁有驚人的記憶力，

甚至還可以教牠變把戲。

在烏賊這些了不起的能力從你腦海中消失之前，

看看你是不是能夠把它們都記住。

生活在海中的烏賊不是魚，牠們是軟體動物，

一種身體柔軟、常有硬殼的動物。

牠們受到驚嚇時，會噴出深色墨汁，模糊敵人的視線。

這種墨汁是由黑色素所構成。

烏賊會擺動鰭來游泳，不過牠們也可以用力噴水，

讓自己向後噴射，火速脫離險境。

烏賊沒有骨頭，因為牠們是無脊椎動物。

不過，牠們有個堅硬的白堊內殼，

這個內殼被稱為「烏賊骨」。

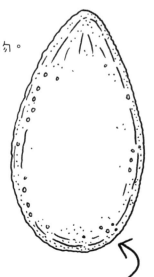

烏賊骨通常是給寵物鳥磨嘴用。

測驗

1. 軟體動物有什麼
2. 深色墨汁
3. 烏賊骨

你記得多少？（答案在右邊）

1. 烏賊不是魚、那牠們是什麼動物？
2. 烏賊受到驚嚇時會做什麼？
3. 烏賊的內殼叫什麼？

烏賊可以在幾秒內改變身體顏色，
以便偽裝、傳遞訊息和嚇唬敵人。
請依照下列說明，做出自己的變色烏賊。

1. 小心剪下
整份方格。

2. 對折並用黏膠
黏在一起。

3. 用美工刀沿著內部
實線小心割開。

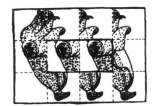

反面塗滿黏膠。

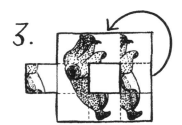

刀片很利，
要小心！

請大人
幫忙！

要怎麼折出神奇紙模型！

1. 一開始會像這樣，有3
隻眼睛。

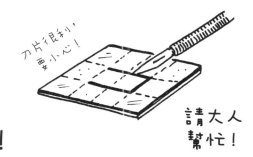

2. 將中間割開的部分往後折。接著
將最右邊的方格縱列往後折。

3. 再將最右邊的方格縱列
往後折。

4. 最後將最左邊凸出
的方格往右折。

5. 貼上膠帶固定。

6. 完成！ 現在請著色。

要怎麼找到其他3隻
烏賊並著色？

往前折

塗上顏色

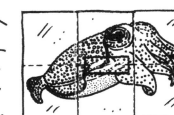

將下面的部分往前展開

塗上顏色

繼續翻折紙模型，
直到找到共4隻烏賊，
並幫烏賊塗上顏色！

這種魔法模型是一種稱為Flexagon（變形體）的數學遊戲。還有各式各樣的
Flexagon摺紙遊戲可以玩，請自行上網查詢。

天才人偶DIY（一）
愛迪生

年輕時的愛迪生

☆ 愛迪生是美國偉大的發明家，同時也是位企業家。

☆ 1847年出生的愛迪生在家自學科學，取得了超過一千項的發明專利。

愛迪生年輕時在火車上做化學實驗引發爆炸，就被轟出火車外了。

愛迪生有許多發明，包括了留聲機（一種可以錄下聲音的機器）、電影攝影機，還有最著名的電燈泡。他在1879年取得電燈泡的專利。這些專利發明讓他成為富翁並聞名全球。

愛迪生的第一個燈泡

 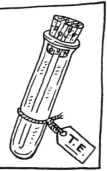

愛迪生於1931年過世。當時有人為極有名氣的他做了個死亡面具保存他的容貌，也用試管裝了他呼出來的最後一口氣。

美國專利
編號：
223,898

脖子
(用筆捲彎)

把各個配件塗上顏色後剪下。身體
按虛線摺起立成三角柱並黏合。把
手臂黏在三角柱裡面。黏上脖子
後，再將頭黏在脖子上。

把頭
黏在這裡

黏合處

完成！

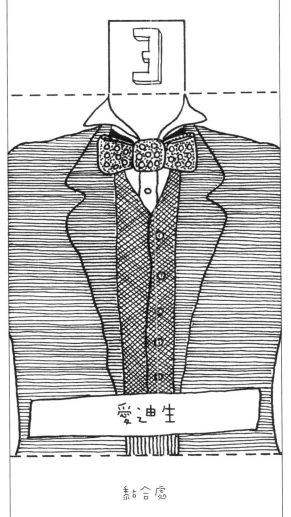

你知道嗎？

愛迪生的雕像被安放在他們的紀念公園，
「愛迪生國家歷史」
公園裡頭。

1847年生於美國俄亥俄
1931年卒於美國紐澤西
（發明家及企業家）

愛迪生

愛迪生

黏合處

9

愛迪生在1894年錄了段影片，
內容是一位名叫佛萊得·奧特的
男性打噴嚏。
這是目前保存下來的
最早版權影片。

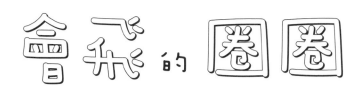

會飛的圈圈

讓圈圈飛起來，看它轉啊轉

1. 將下面的模型塗上顏色後剪下。中間的八邊形也要割下來。

2. 將每個葉片沿著下虛線向後摺，接著將剩餘的葉片向前摺
   後黏貼至黏合處。就是這麼簡單！

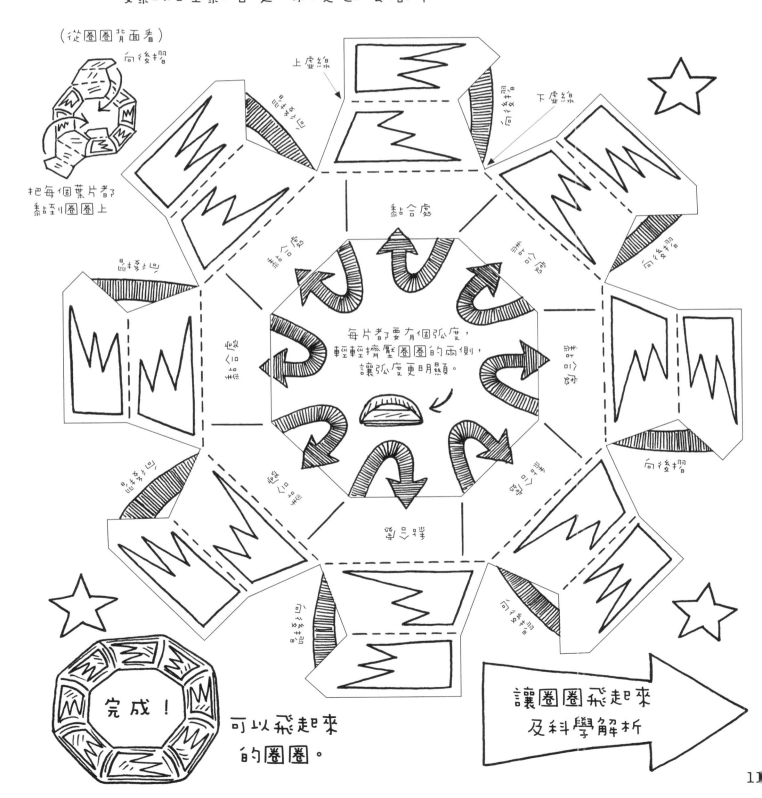

每片都要有個弧度，
輕輕擠壓圈圈的兩側，
讓弧度更明顯。

完成！

可以飛起來
的圈圈。

讓圈圈飛起來
及科學解析

輕輕甩動手腕將圈圈水平丟出。

1.

2.

如果圈圈飛偏，試著上下微彎紙片來調整。

有弧度的橫切面叫做翼剖面。

翼剖面的形狀會產生「升力」。圈圈在旋轉時能為本身帶來穩定性。

飛盤也是應用同樣的科學原理。

你的圈圈可以飛多遠？

放電影

電影DIY
剪下看片機及圖卡，
按照圖示組裝

1. 摺下看片機包住圖卡。

2. 卡上看片機背後的卡榫。

3. 左右快速拉動圖卡。

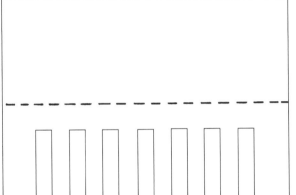

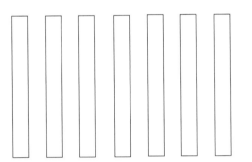

↑看片機

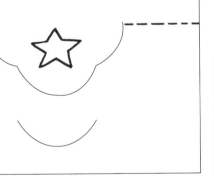

拍動翅膀的鳥兒

哇！牠們會動耶！

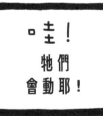

會眨的眼睛

走動的大象

科學解析 →

13

看片機的長框就像快門，交替蓋住及露出片斷的圖案。動得夠快的話，大腦就會誤以為那些圖案在動。

你可以在3張圖卡背後畫上自己想要的圖案。

1. 將長框移到最左邊，在長框內畫圖。

2. 將長框拉到最右邊，一樣在長框內畫圖。

你想畫什麼？

電影及電視中會動的影像就是利用快速度切換一組圖片所產生。

變色龍表演秀
做隻舌頭會動的紙變色龍

變色龍是很神奇的爬蟲類動物。牠們可以改變身體顏色，2隻眼睛甚至還可以同時分別向前看及向後看。牠們的舌頭就像個套索，會突然伸出來捕捉昆蟲，接著再咻的一聲將昆蟲帶回嘴裡。我們就是要做隻舌頭可以伸縮的紙變色龍。

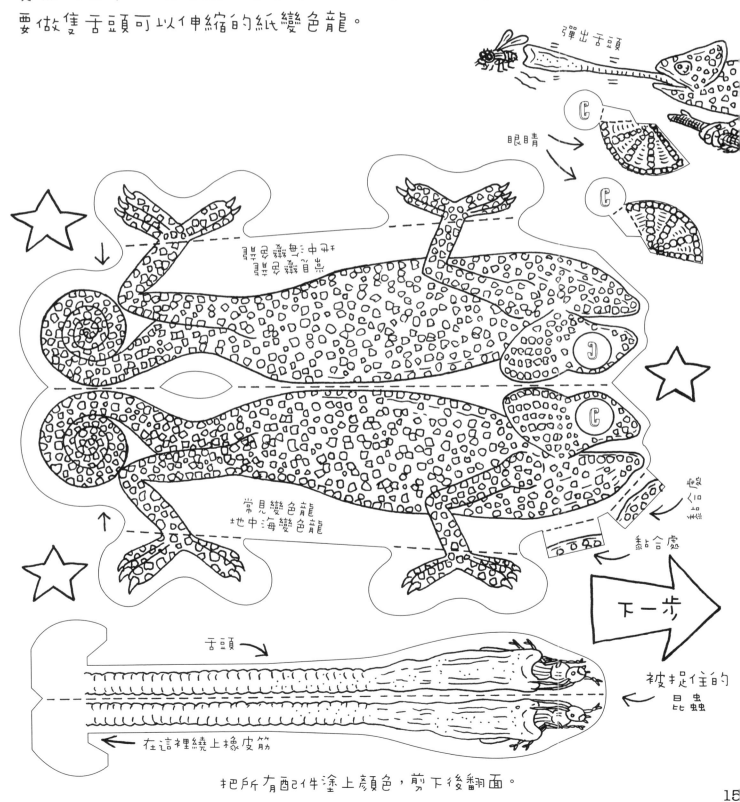

彈出舌頭

眼睛

常見變色龍
地中海變色龍

下一步

黏合處

被提住的昆蟲

舌頭

在這裡繞上橡皮筋

把所有配件塗上顏色，剪下後翻面。

1. 將身體的部分對摺。將下巴的黏合處向後摺並黏起來。把腳的部分往外摺。

把黏合處向後摺

2. 把眼睛的部分捲起後再黏成錐狀。

黏起來

3. 將眼睛的C黏到頭部的C。

黏起來

4. 將舌頭的部分對摺黏合。

黏起來

5. 將舌頭插入身體中。

插進去

6. 將橡皮筋繞在尾巴上後，穿入身體裡再勾住舌頭後方的卡榫。

透視

勾住

7. 變色龍完成。

舌頭的末端

變色龍的玩法

拉出

放手

用差不多這個大小的橡皮筋。

全世界大約有200種變色龍，非洲的馬達加斯加島上就占了一半。變色龍會改變顏色來向其他同類表達心情。有些變色龍還會以變色的方式來偽裝或是控制體溫。

馬達加斯加島

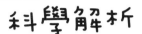
科學解析

黏黏的舌尖

變色龍的舌頭比身體還長。
舌頭平常折疊起來藏在嘴裡，
需要時會像飛彈一樣
射到獵物上！

**橡皮筋被拉張時
會儲存位能。
放開橡皮筋時，
位能就會轉換成動能，
將舌頭拉回身體內。**

變色龍舌頭射出的速度
可以快到
每秒10公尺以上，
這是人類眼睛跟不上的
速度！

我錯過了什麼嗎？

肌肉會將舌頭拉回來。

全世界最小的變色龍是馬達加斯加島的迷你變色龍。這是一隻成年雄性迷你變色龍的正常大小，很令人吃驚吧！

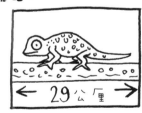

← 29公厘 →

你會模仿變色龍嗎？

變色龍擁有抓力強勁的四肢，讓牠們可以在樹枝上爬行。牠們的前腳外側有2個爪子，內側有3個爪子。後腳剛好相反。

不容易哦！

前腳　　　　後腳

看過來哦！
你會看到凸出的棋盤

西洋棋錦標賽亂成一團——棋盤太大，上面還有方糖！
更奇怪的是，將白色棋格上的所有方糖都塗成黑色後，
棋盤就會凸起來了。試試看吧！

科學解析

「棋盤凸起」這種錯覺是由日本心理學家北岡明佳所提出。沒有人確切知道大腦為什麼
會覺得棋盤凸起，但目前知道的是，這種大腦錯覺會隨著距離增加而增強。

動畫DIY

將貓塗上顏色，然後小心剪下紙卡，按順序併成一本小書。用一隻手牢牢抓住小書的左邊，再用另一隻手的大拇指快速翻頁。

哇！

請接下頁

☆ 1	☆ 12
☆ 2	☆ 11
☆ 3	☆ 10
☆ 4	☆ 9
☆ 5	☆ 8
☆ 6	☆ 7

看到貓在跑是因為「視覺暫留」所造成的動態錯覺。眼睛會將影像暫留幾分之一秒，而大腦就會把影像連在一起了。

紙卡上的貓出自動態分析科學家埃德沃德‧邁布里奇（1830年～1904年）之手，他專門研究動物的動作。

你可以在紙卡的背面畫圖，做一本自己的動畫翻翻書。

12 ◎	1 ◎
11 ◎	2 ◎
10 ◎	3 ◎
9 ◎	4 ◎
8 ◎	5 ◎
7 ◎	6 ◎

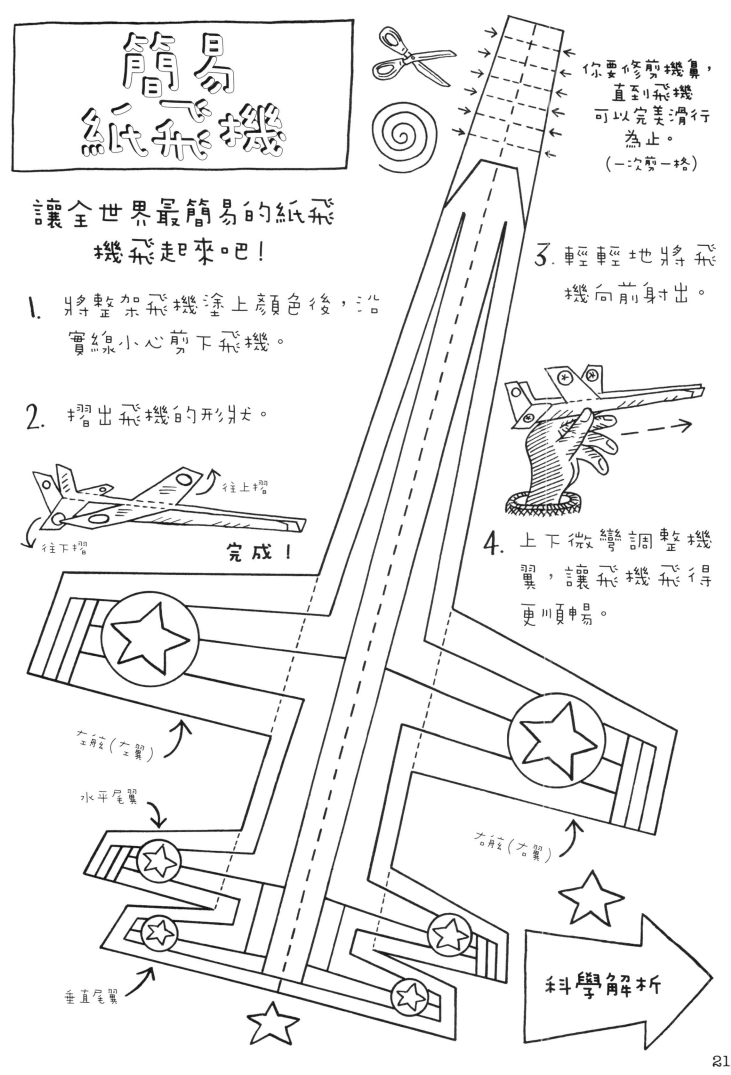

簡易紙飛機

讓全世界最簡易的紙飛機飛起來吧!

1. 將整架飛機塗上顏色後,沿實線小心剪下飛機。

2. 摺出飛機的形狀。

往上摺

往下摺

完成!

你要修剪機鼻,直到飛機可以完美滑行為止。
(一次剪一格)

3. 輕輕地將飛機向前射出。

4. 上下微彎調整機翼,讓飛機飛得更順暢。

左舷(左翼)

水平尾翼

垂直尾翼

右舷(右翼)

科學解析

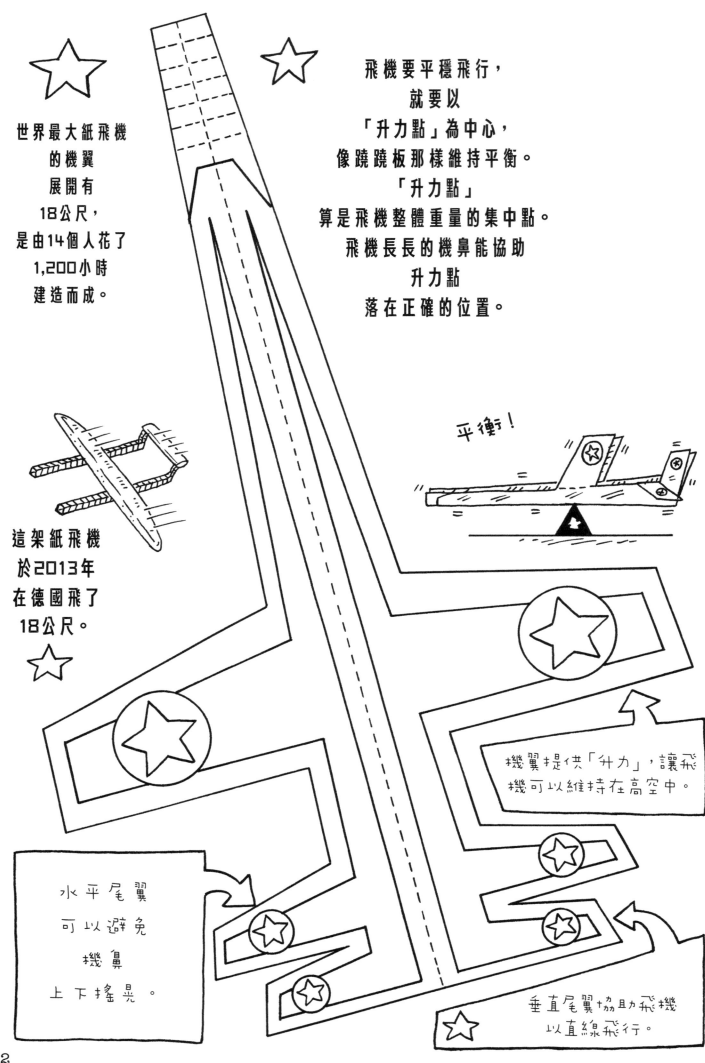

世界最大紙飛機
的機翼
展開有
18公尺，
是由14個人花了
1,200小時
建造而成。

這架紙飛機
於2013年
在德國飛了
18公尺。

飛機要平穩飛行，
就要以
「升力點」為中心，
像蹺蹺板那樣維持平衡。
「升力點」
算是飛機整體重量的集中點。
飛機長長的機鼻能協助
升力點
落在正確的位置。

平衡！

機翼提供「升力」，讓飛機可以維持在高空中。

水平尾翼可以避免機鼻上下搖晃。

垂直尾翼協助飛機以直線飛行。

彩繪「門德列夫」

顏料的顏色來自不同化學元素以及它們的化合物。請按照化學元素的標示，為著名的德米特里‧門德列夫（1834年～1907年）塗上顏色。

為元素週期表的創始人上色吧！

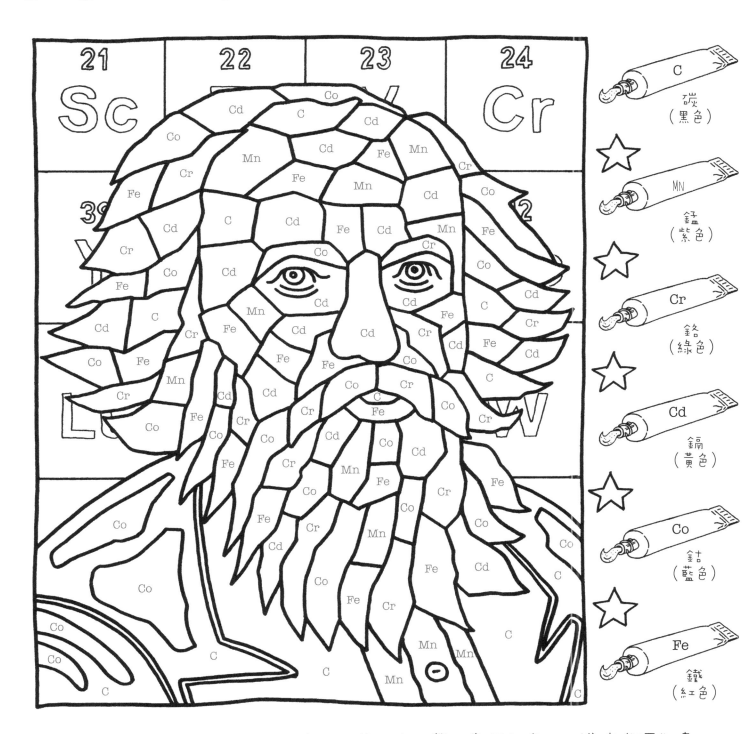

俄國化學家門德列夫在1869年創出了第一份化學元素週期表。他說這份週期表是在作夢時夢到的。

天才人偶DIY（二）
泰勒斯可娃

1969年穿著制服的泰勒斯可娃

☆ 范倫蒂娜‧泰勒斯可娃是第一位登上太空的女性。1937年於俄國出生的她後來受訓成為太空人，並在1963年6月16日飛上太空，在3天內繞著地球轉了48圈。

泰勒斯可娃搭乘巨型R-7火箭進入太空中。這架火箭搭載了一艘東方六號小型太空船。她就是乘著這艘太空船繞著地球轉。對照你做出的人偶比例，她的太空艙差不多是足球大小。

東方六號太空艙

巨型燃料槽

泰勒斯可娃在起飛前的最後一句話是……

嘿！太空，脫下帽子向我致意吧！我要來囉！

☆ 2013年，76歲的泰勒斯可娃表示，還想前往火星尋找生命且不考慮返航。

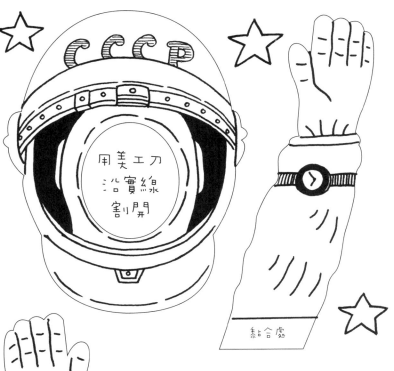

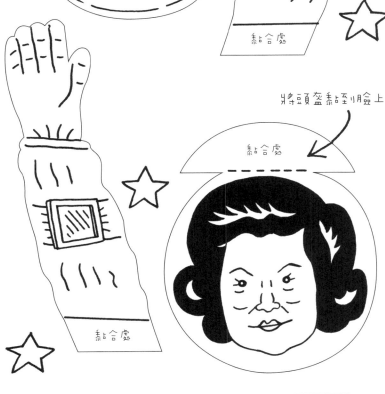

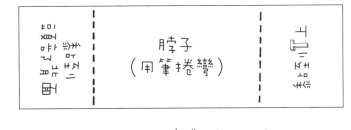

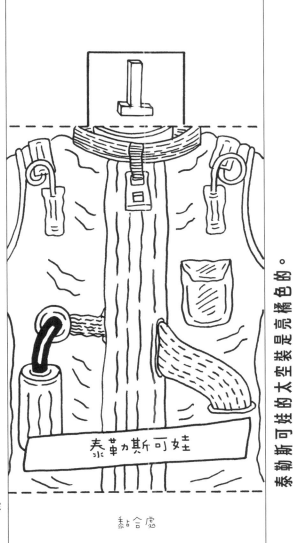

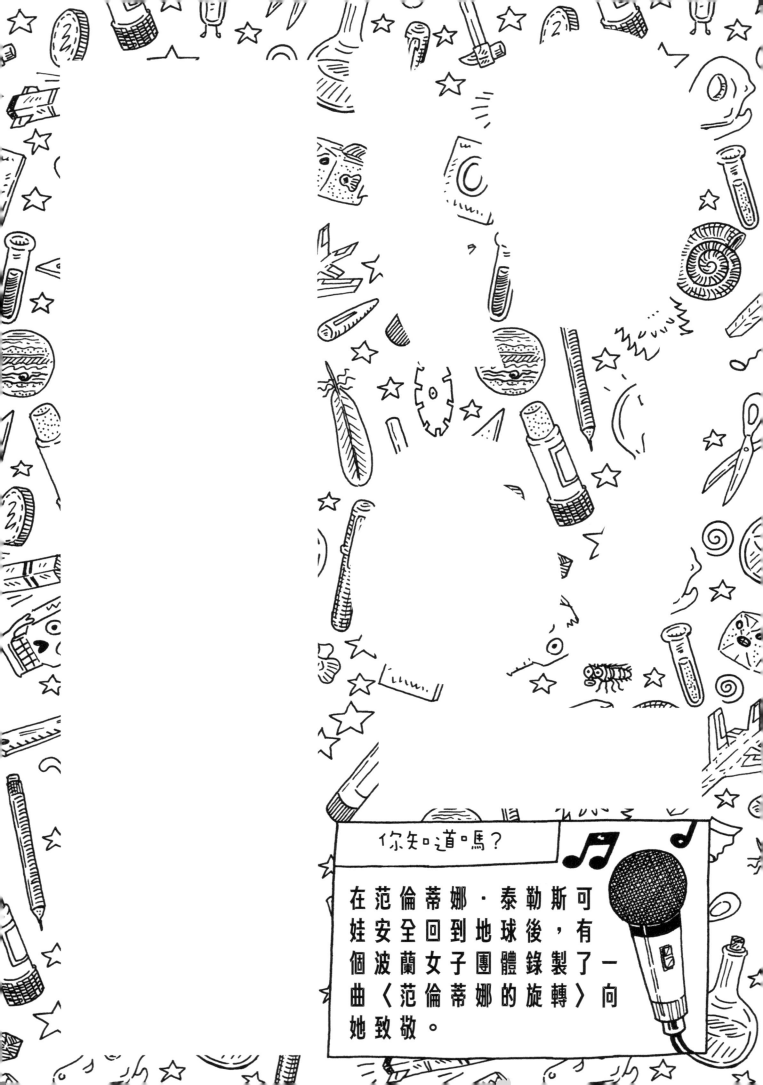

你知道嗎？

在范倫蒂娜‧泰勒斯可娃安全回到地球後，有個波蘭女子團體錄製了一曲〈范倫蒂娜的旋轉〉向她致敬。

恐龍擺飾
迷你梁龍DIY

將下方各配件塗上顏色後剪下，
做出一隻侏羅紀的恐龍吧！
不過，這隻恐龍到底有幾隻腳呢？

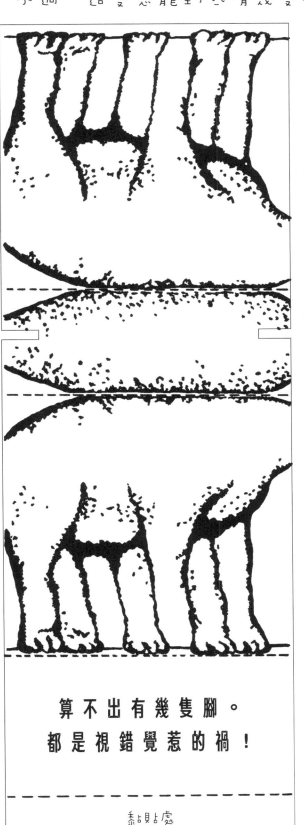

算不出有幾隻腳。
都是視錯覺惹的禍！

黏貼處

★ 沒人知道梁龍實際上是什麼發色兒。

★ 最大的梁龍是4顆大象那麼大。

梁龍身長可達25公尺，
是身長最長最長的恐龍。

人類

1.
摺好身體。

黏起來

2.
把頭部及
尾巴插入
身體內。

3.
輕輕點頭。

梁龍是活在
1億5,000萬年前
侏羅紀時期的
草食性恐龍。

更多內容，
請見下頁

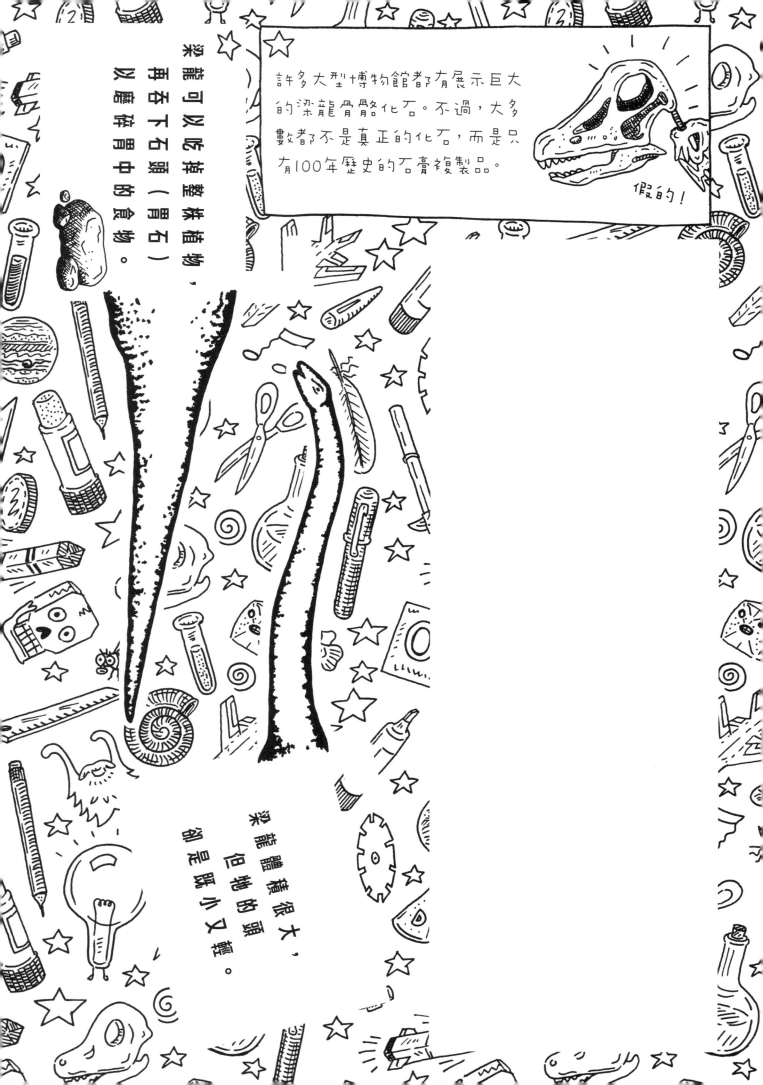

許多大型博物館都有展示巨大的梁龍骨骼化石。不過，大多數都不是真正的化石，而是只有100年歷史的石膏複製品。

假的！

梁龍可以吃掉整株植物，再吞下石頭（胃石）以磨碎胃中的食物。

梁龍體樣很大，但牠的頭卻是既小又輕。

大腦模型DIY

做個可以拆裝的大腦和頭骨模型

剪下頭骨（細實線的部分都要剪開）並按圖示摺好。這基本上就是個可以將大腦放進去的盒子。

黏好頭骨

完成！

眼睛先挖空

將大腦塗上淺粉紅色後剪下，再摺好黏起來。

黏起來

將頜骨黏到凸起處

將下巴往前摺

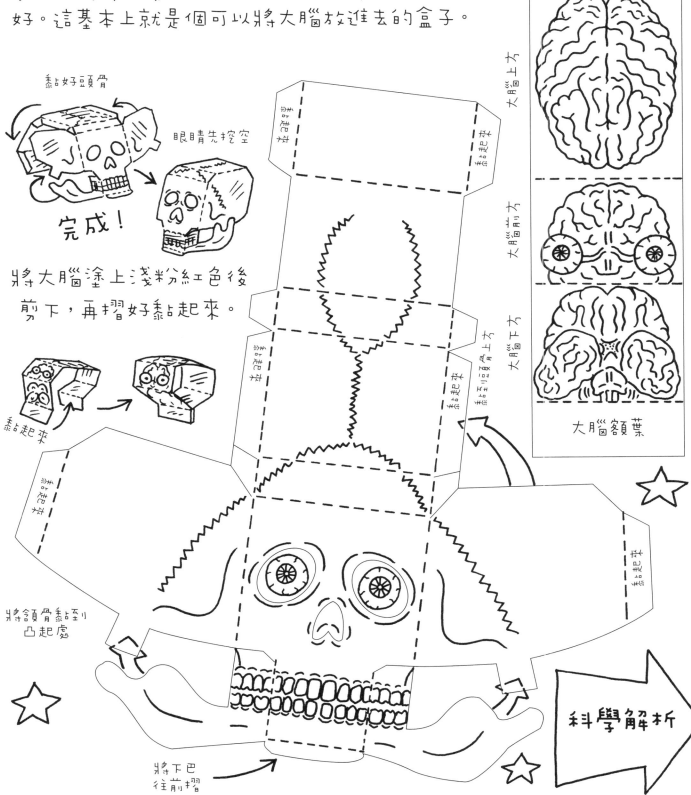

大腦中央

腦幹

大腦後方

大腦上方

大腦前方

大腦下方

大腦額葉

科學解析

29

大腦的主要
成分是水。

☆ 這個頭骨模型的大小是真人頭骨的
十分之一。

☆ 比比比看人類大腦跟其他動物大腦的
大小。

老鼠

倉鼠

大象

藍鯨

你

大腦分為
左右大腦
半球。

左右大腦
半球分別
控制對側
的身體。

☆ 你可以把大腦放到頭骨
中，也可以拿出來。

先把眼睛塞進去，
再把大腦塞進去。

☆ 外科醫生說大腦組
織摸起來像豆腐、
果凍或牙膏。

人的眼球非常龐大。

發射飛彈！

☆ 做個可以射出的迷你飛彈

將下方各配件塗上顏色後剪下，再按
照圖示摺好黏起來。請接下一頁。

1. 將飛彈摺好後黏
起來。
黏起來

2. 黏上鼻錐及機翼。
黏起來
機翼
黏上鼻錐
鼻錐

3. 做好發射器。
黏起來
完成！

黏到下方
黏起來

機翼

將機翼摺好
黏起來
黏起來
完成！

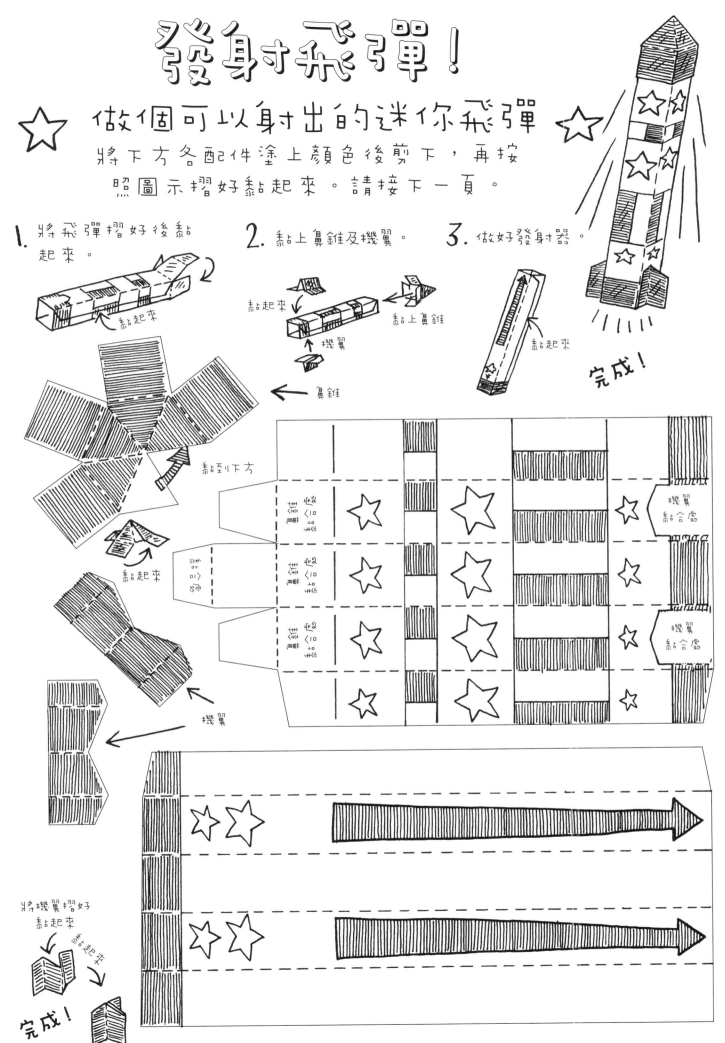

機翼
黏合處

機翼
黏合處

把飛彈放進發射器後用力吹，就可以發射飛彈了。
飛彈會快速飛出。

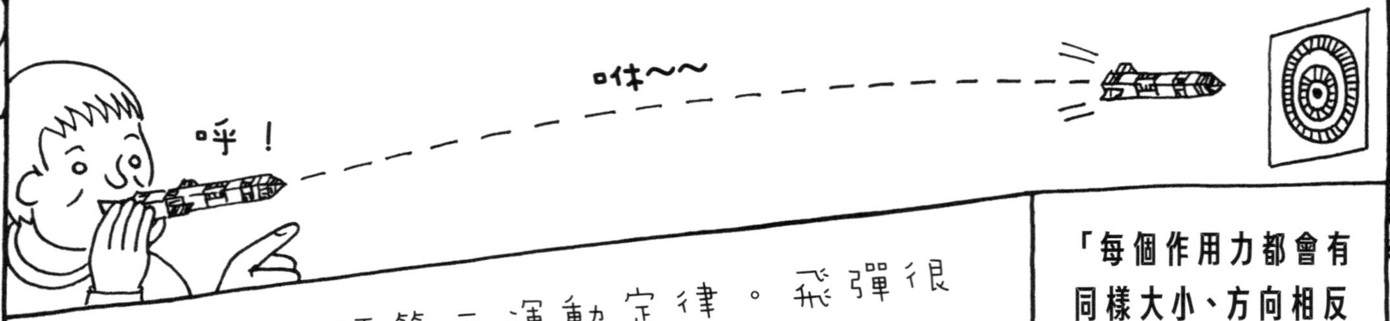

呼！ 咻～～

飛彈遵守牛頓第三運動定律。飛彈很輕，所以你吹出的氣會推動飛彈射出。飛彈也會對你產生反作用力，但因為你比飛彈大多了，所以不會移動。

「每個作用力都會有同樣大小、方向相反的反作用力。」

牛頓第三運動定律

牛頓
（1643年～1727年）

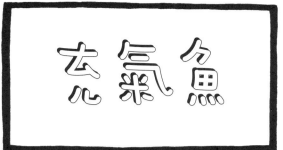

☆ 把下面各配件塗上顏色後剪下，做出你自己的充氣魚 ☆

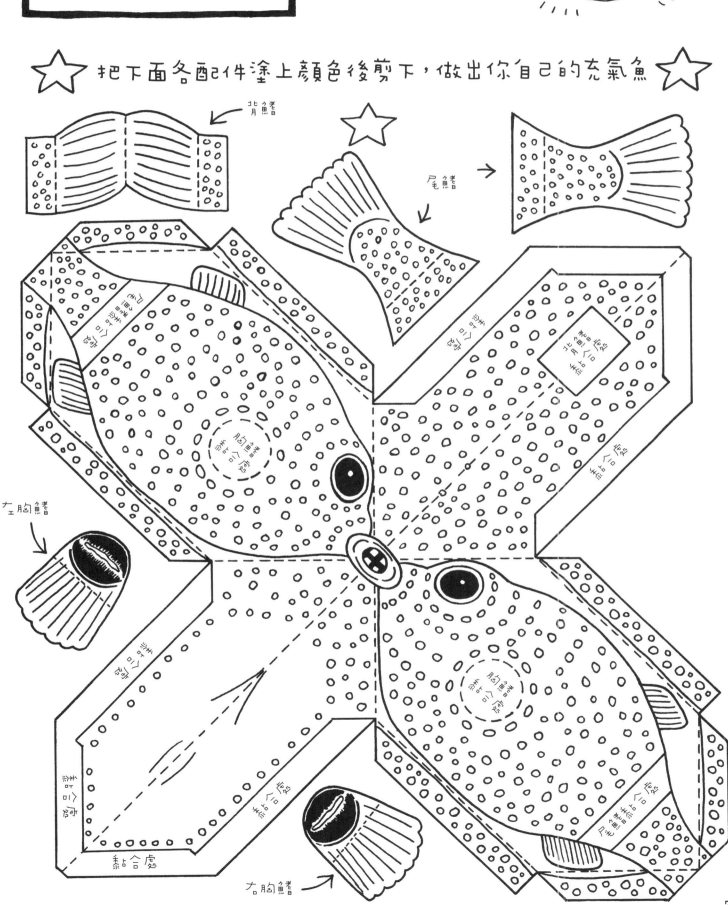

神奇充氣魚的作法

沿著所有虛線摺出摺痕。	將背部與底部摺入身體內。	平放,將需要黏合的地方黏起來。	將所有魚鰭黏到身體上。
對摺 摺出摺痕	摺入身體內	四邊都要黏起來	黏起來

背鰭

黏貼!

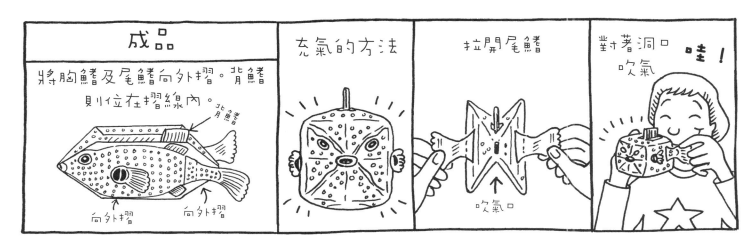

成品

將胸鰭及尾鰭向外摺。背鰭則位在摺線內。

背鰭
向外摺
向外摺

充氣的方法

拉開尾鰭

吹氣口

對著洞口吹氣

哇！

☆ 輕輕擠壓魚身就能洩氣 ☆

這是白點河豚（紋腹叉鼻豚），主要生活在太平洋的珊瑚礁中。

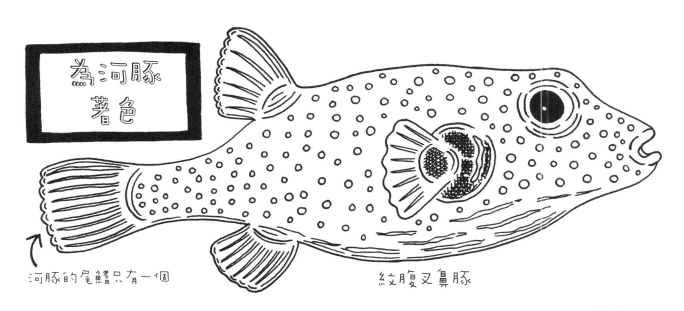

為河豚著色

河豚的尾鰭只有一個

紋腹叉鼻豚

河豚的種類超過120種。牠們大口喝水讓自己膨脹起來以嚇唬敵人。有些河豚甚至還帶刺。

像刺蝟的魚

你知道嗎？ ☆

河豚是道美味佳餚，但處理不好的話吃了會中毒。

偉大的 伽利略

伽利略於1564年誕生於義大利比薩,是位偉大的天文學家、物理學家、工程師、發明家及數學家。

天才物理學家愛因斯坦稱伽利略為「現代科學之父」。

伽利略運用實驗及觀察來驗證理論,對舊時觀念不會照單全收。但這種科學精神讓他惹上麻煩,導致他晚年被監禁在家中。伽利略認為地球會繞著太陽運轉,這點讓宗教領袖們非常不高興。

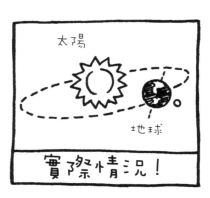

太陽

地球

實際情況!

伽利略發明望遠鏡,他是最先觀察到太陽黑子的人士之一。

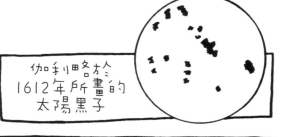

伽利略於1612年所畫的太陽黑子

伽利略的簽名

你知道嗎?

義大利的博物館展示了伽利略的某些身體部位,其中還包括了幾根手指。

伽利略打破了重的物體會比輕的物體更快落地的科學迷思。只要物體有足夠的質量克服空氣阻力，落地時間就不會有快慢之分。把下面的信封剪下黏好，再拿5枚硬幣來，就可以讓朋友挑戰伽利略的偉大發現。

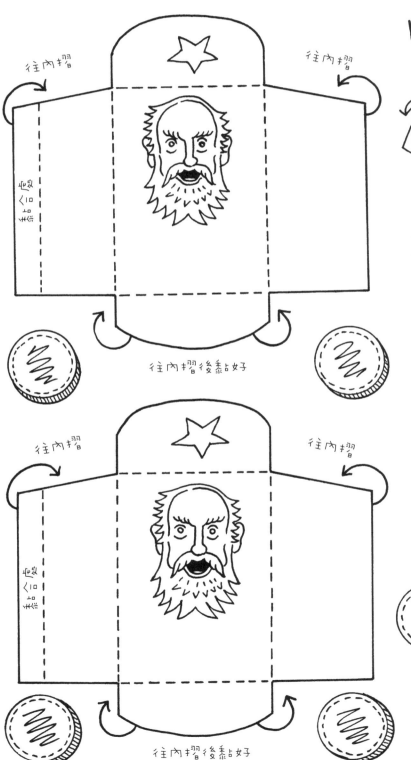

往內摺
往內摺
往內摺後黏好

往內摺
往內摺
往內摺後黏好

1. 剪下信封後黏好。

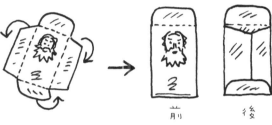

前　後

2. 請一位朋友把5枚硬幣分裝入2個信封中，每個信封內至少要有1枚硬幣。跟朋友說，先落地的那個信封就送給他。

3. 把信封拿到一樣的高度後同時放手。

結果是？

2個信封會同時落地！

重力會給予兩個物體等加速度。因此兩物體會以同樣速度同時觸及地面。因為遊戲規則是你的朋友可以贏得先落地的信封，所以他什麼都拿不到。

科學解析

古希臘哲學家亞理斯多德（西元前384年～322年）誤以為重物會較快落地，人們也輕易就接受他的說法。1971年8月美國太空人大衛·史考特在月球上以鐵鎚及羽毛進行測試，證實了在真空中所有物體會以同樣的速度掉落。

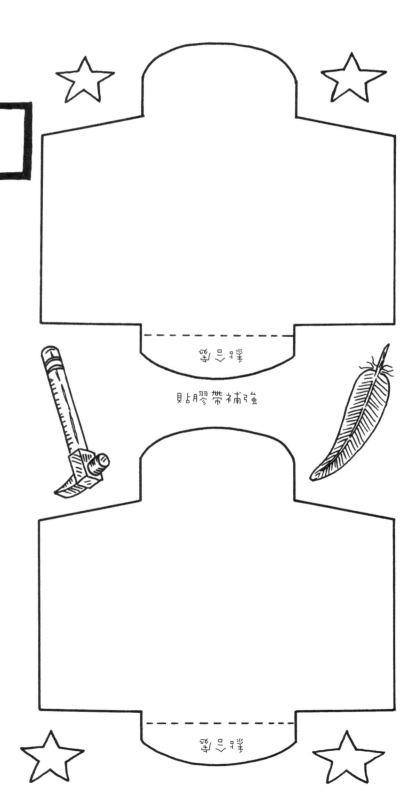

貼膠帶補強

黑白襯衫

義大利薩薩里大學的皮納教授穿了件醒目但只有黑白兩色的襯衫。為了讓襯衫添些色彩,他沿著白色塊內緣畫上一道顏色。當他注視這些白色塊時,驚奇地發現,整塊都了暈染成淡淡的顏色了。好神奇啊,試試看吧!

像這樣,將白色塊內緣畫上一道顏色。

← 一道顏色

試試各種明亮的色彩。螢光筆的效果極佳。

皮納教授在1987年發現了此種稱為「水彩錯覺」的現象,這是大腦視覺皮質中特定處理過程所產生的現象。

天才人偶DIY（三）
阿基米德

阿基米德是位偉大希臘智者，但也是個怪胎。他活躍於2000年前，是當代最偉大的思想家之一。阿基米德不只擅長科學，也是位偉大的數學家、工程師、發明家及天文學家。

據說阿基米德曾運用鏡子反射陽光來燒毀敵艦，月球上也有個隕石坑以他的名字來命名。

阿基米德隕石坑

阿基米德曾受命量測古老黃金皇冠的體積。他在某天洗澡時發現將皇冠放入水中就可以解決這個問題，於是大叫「尤里卡」（希臘文中的「我發現啦！」）。這也成為今日阿基米德最著名的故事。

尤里卡！

做個神奇的阿基米德人偶

阿基米德提出「質心」的概念，也就是物體質量的中心。
做出下面的人偶，你就可以實際驗證這個理論。

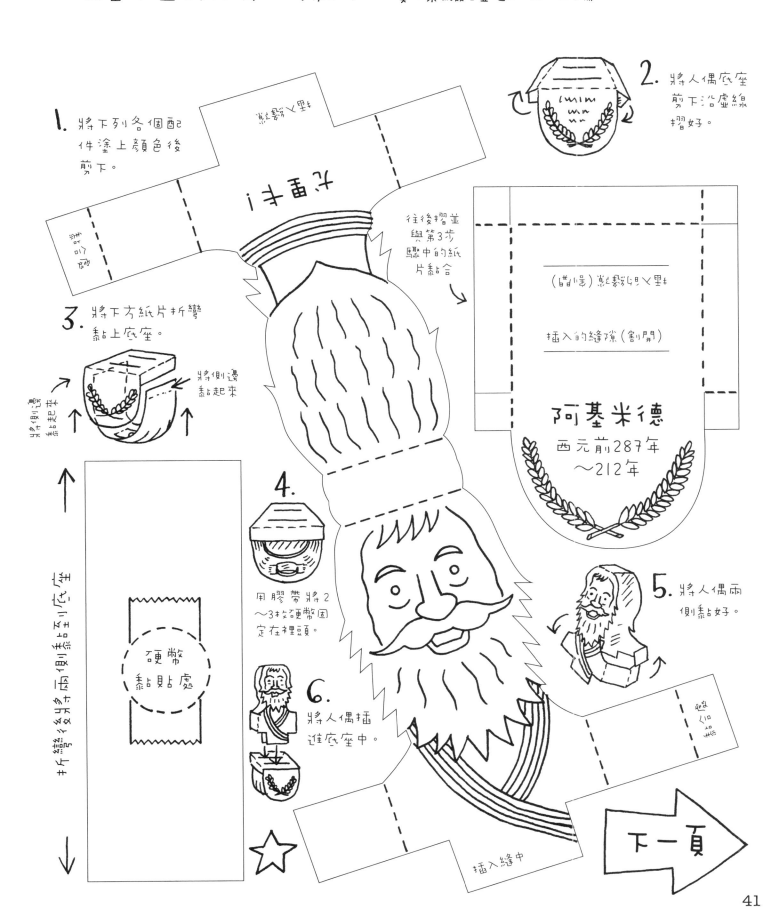

1. 將下列各個配件塗上顏色後剪下。

2. 將人偶底座剪下沿虛線摺好。

3. 將下方紙片折彎黏上底座。

將側邊黏起來

往後摺並與第3步驟中的紙片黏合

阿基米德
西元前287年
～212年

4. 用膠帶將2～3枚硬幣固定在裡頭。

5. 將人偶兩側黏好。

6. 將人偶插進底座中。

硬幣黏貼處

插入縫中

下一頁

你會驚奇的發現，將阿基米德人偶推向一邊後，他又會再立起來。

這是因為硬幣給了人偶非常低的「質心」，讓他能穩穩站著。

這就是個不倒翁。

低質心也稱為「低重心」。

尤里卡！

迷你直升機

發射自己做的迷你直升機

將下方長方形（發射器）、圓盤（直升機）及小分格（接頭）都剪下。將做為發射器的長方形繞著鉛筆鬆鬆地捲起來，斷面就如下圖所示。再將接頭摺好黏合後黏貼在迷你直升機上就完成了。就是這麼**簡單**！

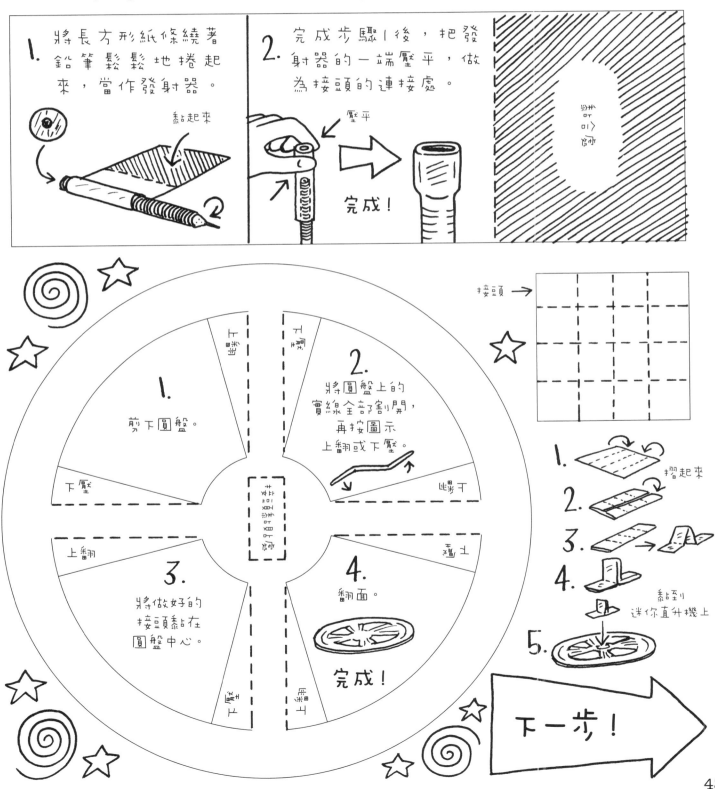

1. 將長方形紙條繞著鉛筆鬆鬆地捲起來，當作發射器。

黏起來

2. 完成步驟1後，把發射器的一端壓平，做為接頭的連接處。

壓平

完成！

接頭→

1. 剪下圓盤。

2. 將圓盤上的實線全部割開，再按圖示上翻或下壓。

3. 將做好的接頭黏在圓盤中心。

4. 翻面。

完成！

上翻　下壓　上翻　下壓

1. 摺起來

2.

3.

4. 黏到迷你直升機上

5.

下一步！

發射迷你直升機的方法

將發射器套在圓形鉛筆末端，應該很容易就可以套進去（也可以用膠帶黏緊）。	拿條90公分長的繩子，依照下圖所示方向繞在發射器上。	將直升機的接頭套入發射器的接口中。拉動繩子。	迷你直升機飛起來了！

用力拉動繩子

啦～～

呼～～

科學解析

直升機的葉片就像機翼一樣，可以產生「升力」，讓直升機脫離發射器，飛上空中。

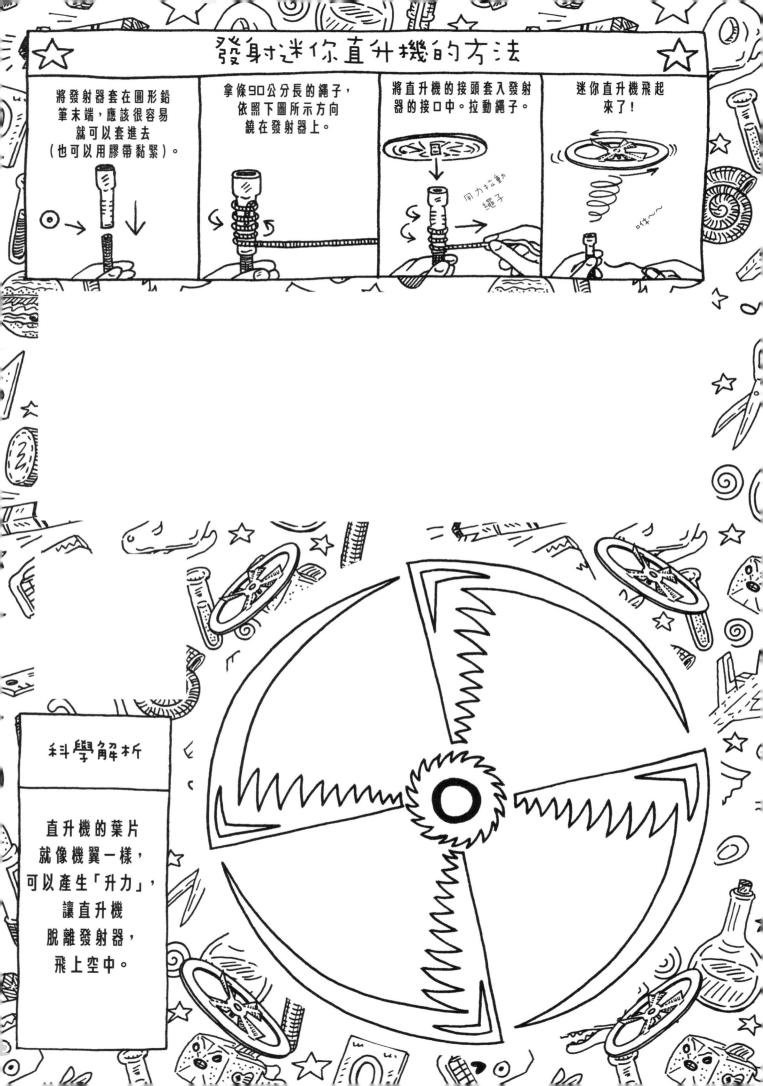

☆ 做出衛星繞著木星轉的模型 ☆

1610年，偉大的伽利略運用自己的望遠鏡，發現了木星有4顆巨大的衛星。

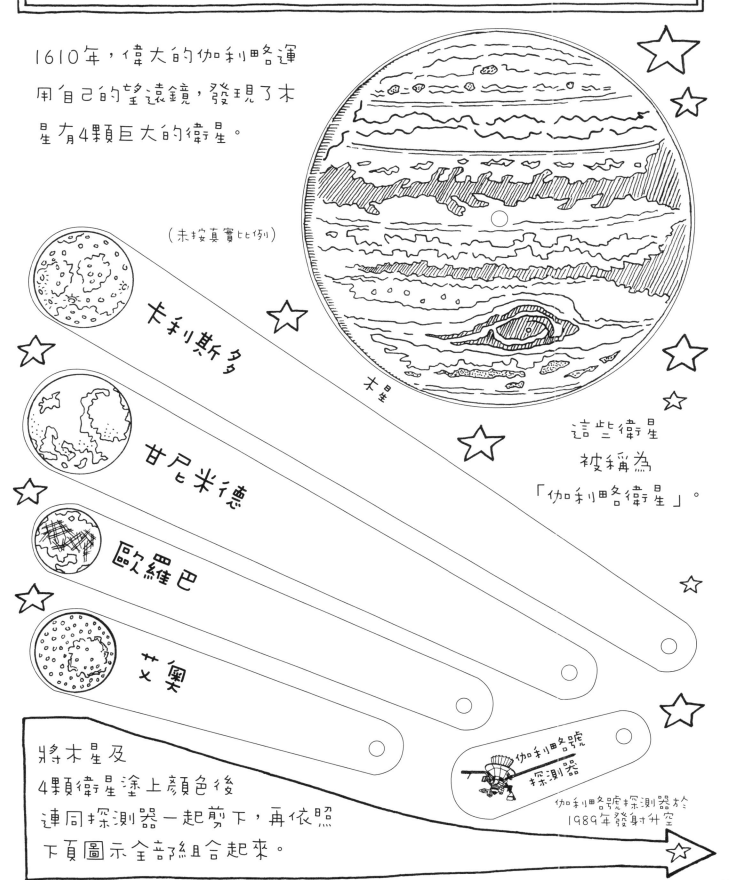

（未按真實比例）

木星

卡利斯多

甘尼米德

歐維巴

艾奧

這些衛星被稱為「伽利略衛星」。

伽利略號探測器

伽利略號探測器於1989年發射升空

將木星及4顆衛星塗上顏色後連同探測器一起剪下，再依照下頁圖示全部組合起來。

45

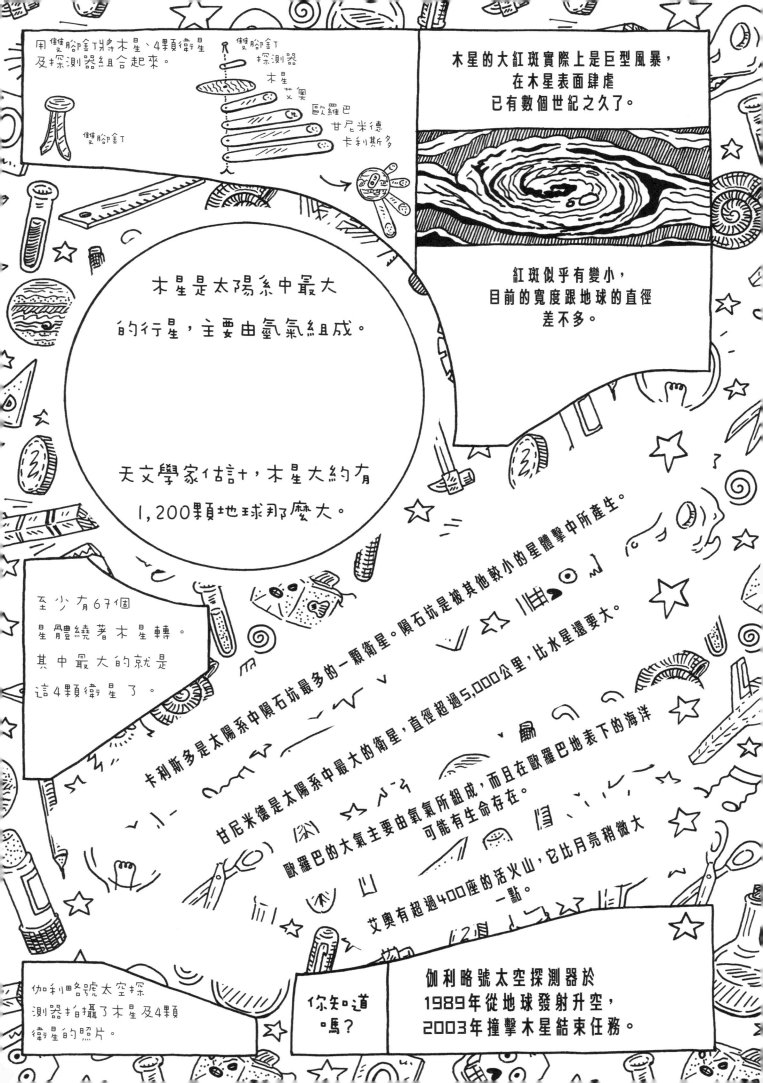

用雙腳釘將木星、4顆衛星及探測器組合起來。

雙腳釘
探測器
木星
艾奧
歐羅巴
甘尼米德
卡利斯多

雙腳釘

木星的太紅斑實際上是巨型風暴，在木星表面肆虐已有數個世紀之久了。

紅斑似乎有變小，目前的寬度跟地球的直徑差不多。

木星是太陽系中最大的行星，主要由氫氣組成。

天文學家估計，木星大約有1,200顆地球那麼大。

至少有67個星體繞著木星轉。其中最大的就是這4顆衛星了。

卡利斯多是太陽系中隕石坑最多的一顆衛星。隕石坑是被其他較小的星體撞中所產生。

甘尼米德是太陽系中最大的衛星，直徑超過5,000公里，比水星還要大。

歐羅巴的大氣主要由氧氣所組成，而且在歐羅巴地表下的海洋可能有生命存在。

艾奧有超過400座的活火山，它比月亮稍微大一點。

伽利略號太空探測器拍攝了木星及4顆衛星的照片。

你知道嗎？

伽利略號太空探測器於1989年從地球發射升空，2003年撞擊木星結束任務。

扁扁的喇叭
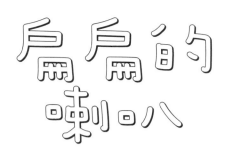

做個應用白努利原理的大聲喇叭吧！

將喇叭著色剪下、按圖示組合，接著插入簧片後用力吹。

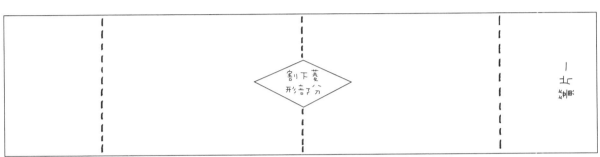

1. 摺好黏成扁扁的喇叭。

2. 摺好2個簧片後，將其中一個插進喇叭中。

完成！

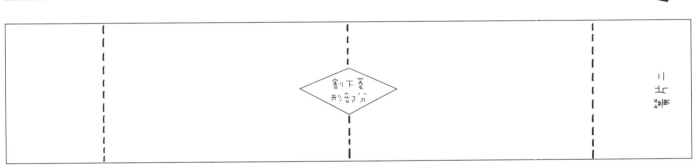

割下菱形部分

簧片一

割下菱形部分

簧片二

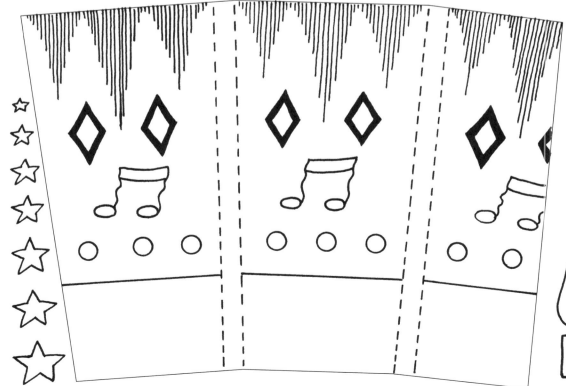

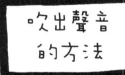
吹出聲音的方法

用力吹。將2個簧片交替吹吹看。

47

這個喇叭是個很簡單的簧片樂器，類似單簧管、雙簧管或低音管。根據白努利原理（請見第50頁），對紙簧片吹氣會造成簧片內部氣壓降低，導致紙簧片的兩端閉合後再彈開，進而造成震動，於是就產生了刺耳的喇叭聲。

試試看！

叭叭，音不？喇喇來聲會吹把起看看是在時捏看是一樣？

親眼到鏡子

 讓朋友挑戰看看這道物理難題。

將右側人偶模型著色剪下後，依照小圖摺好，再將下方的捲軸剪下。看看你是否能解開這道難題。

丹尼爾·白努利

(數學家與科學家)
1700年於荷蘭出生
1782年於瑞士過世

親眼到鏡子

瑞士科學家丹尼爾·白努利絕對是個值得驕傲的人，有個重要的物理原理甚至以他的名字命名。你是否能在不碰觸人偶及鏡子或不直接對他們吹氣的情況下，讓白努利先生開心親眼到鏡中的自己呢？

解決方法 →

先將捲軸捲成吸管狀,再用手指壓住紙模型的底座,同時以吸管在白努利與鏡子之間吹氣,白努利及鏡子就會彎曲相碰了。

科學解析

白努利原理指出,
流動的空氣會比靜止的空氣產生
更低的氣壓,因此2片紙片外側
的靜止空氣會有較高的氣壓,
於是壓迫紙片讓它們閉合。

用食指壓緊紙模型的底座

也讓朋友及家人挑戰看看!

捉弄人的尺

玩玩經典的視錯覺遊戲。
用尺跟筆將下面的點連起來，
你畫的線看起是直的嗎？

☆ 將A點連到a點、B點連到b點。 ☆

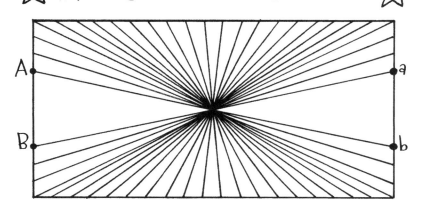

A •
B •
• a
• b

德國科學家埃瓦爾德·赫林於1861年發現了這種錯覺。目前還不清楚為什麼會這樣，可能是「輻射狀線條」導致我們對深度產生錯覺。

☆ 小看看答題：

其實在其中是彎曲的喔。

☆ 將下方4點連成一個正方形 ☆

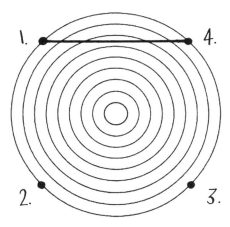

1.　　　4.

2.　　　3.

這稱為「耶蘭史坦錯覺」，是大腦被混合線條愚弄的結果，但目前也不清楚為什麼會這樣。

☆ 小看看答題：

其實正方形的各邊並不直喔。

龐氏錯覺

A•　　•B

a•　　　　•b

上面有2枚大小相同的硬幣。現在將A點連到a點、B點連到b點。這2枚硬幣看起來還是一樣大嗎？

上方的硬幣看起來會比下方的還要小，因為大腦把它當作較遠的硬幣了。

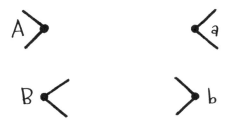

A >　　< a

B <　　> b

將A點連到a點、B點連到b點，這2條線看起來會一樣長嗎？

這是1889年就已經發現的「繆氏錯覺」。目前至少有5種理論試著要解釋這種錯覺。

化石  專家

瑪麗與狗狗特瑞外出尋找化石

瑪麗·安寧（1799年～1847年）是採集化石的先驅，她的發現改變了我們對史前生物的觀點，也促進了古生物學的發展。遺憾的是，因為她是位貧窮女性，所以她的偉大發現在她有生之年並未受到推崇。

狗「特瑞」

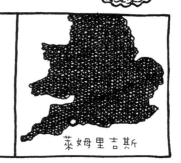

箭石化石

瑪麗住在英國沿海小鎮萊姆里吉斯，她常帶著自己的小狗到附近的懸崖尋找化石。

萊姆里吉斯

☆ 瑪麗把找到的化石賣給世界各地的自然歷史專家，不過事實上她通常比他們更了解這些化石。她是第一個發現魚龍及蛇頸龍近乎完整骨骼化石的人（魚龍化石：1810年～1811年；蛇頸龍化石：1823年）。

☆

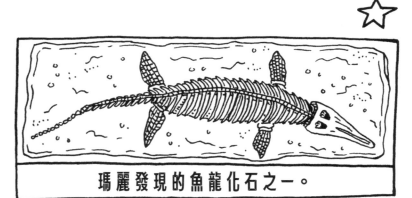

瑪麗發現的魚龍化石之一。

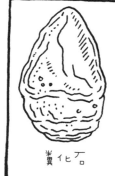

糞化石

瑪麗也是第一個正確鑑別史前糞便化石的人。

我變成一位重建骨骼化石的專家。現在換你試試看了。小心剪下混在一起的化石並沾點黏膠，看看你能否把它們正確組合在最下面的虛線內。需要的話，可以看看背面的線索。

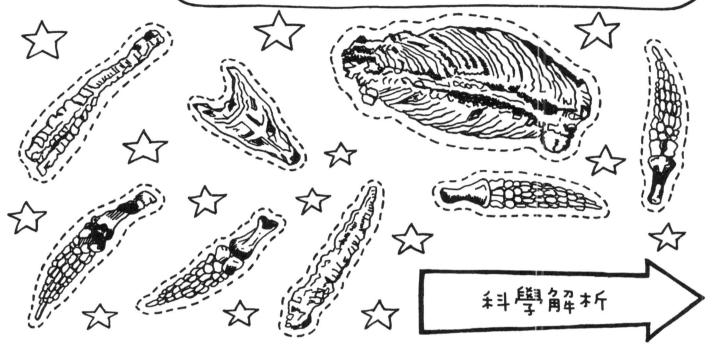

科學解析 ➡

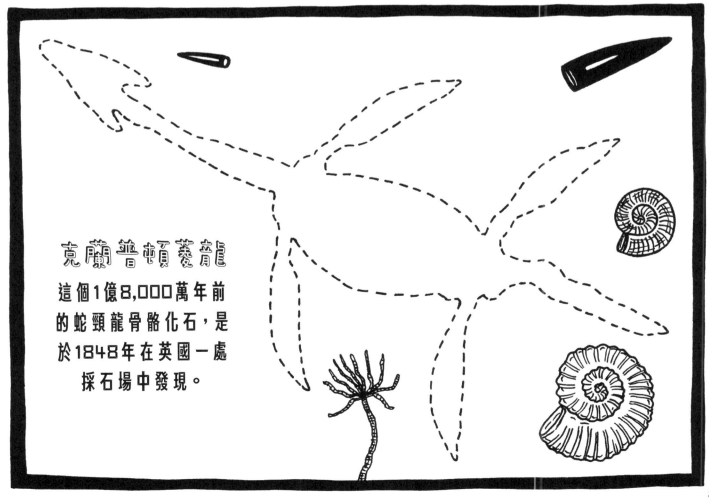

克蘭普頓菱龍

這個1億8,000萬年前的蛇頸龍骨骼化石，是於1848年在英國一處採石場中發現。

蛇頸龍是侏羅紀時期在海洋中常見的爬蟲動物。「蛇頸龍」（Plesiosaur）這個名字的意思是「類蜥蜴」。蛇頸龍中的菱龍身長可達7公尺，會獵殺魚龍、菊石還有其他蛇頸龍。

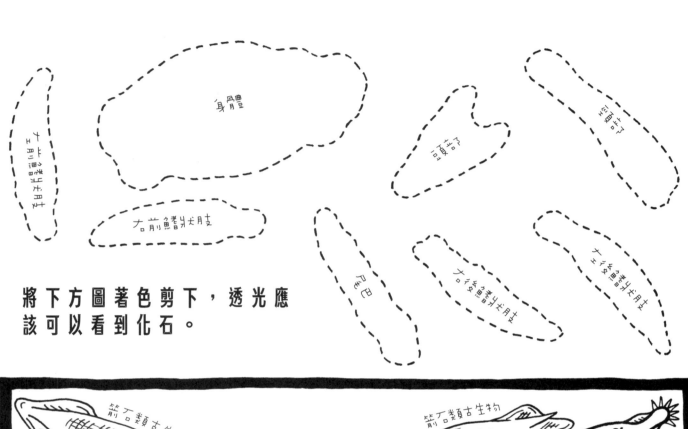

將下方圖著色剪下，透光應該可以看到化石。

好玩的 ☆ 縫隙

會轉動的
神奇動畫

將下方白色紙盤上的2組螺旋圈圈塗上顏色，一組用一種顏色。再剪下2個紙盤，並按圖示剪出縫隙。

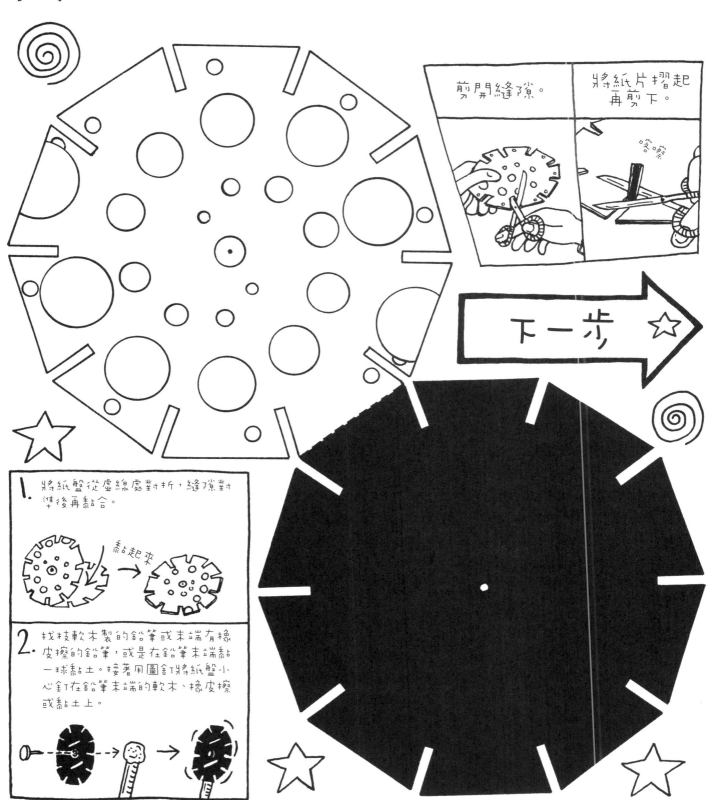

剪開縫隙。

將紙片摺起再剪下。

喀嚓

下一步 ☆

1. 將紙盤從虛線處對折，縫隙對準後再黏合。

黏起來

2. 找枝軟木製的鉛筆或末端有橡皮擦的鉛筆，或是在鉛筆末端黏一球黏土。接著用圖釘將紙盤小心釘在鉛筆末端的軟木、橡皮擦或黏土上。

紙盤的玩法

站在鏡子前面，面向紙盤的黑色面後，轉動紙盤。

在紙盤轉動時，透過縫隙觀看鏡子照出的紙盤螺旋圈圈。

哇～

反方向轉動紙盤，看到的又會是什麼呢？

科學解析

就像連上就會盤的大腦，化縫隙一樣，會顯示出紙盤的圖樣。轉動的快門一樣，會連續顯示的圖樣。會產生錯覺以為這種圖樣在動動的縫隙一樣，會盤的大腦，產生這種錯覺以為是圖樣在動。

你知道嗎？ ☆

這裡的紙盤是一種會產生視錯覺的「費納奇鏡」，由比利時物理學家約瑟夫・普拉陶於1832年所發明。